恐龙来了

白垩纪 1

英童书坊编纂中心◎编

全国百佳图书出版单位
吉林出版集团股份有限公司

前言

在所有史前动物中，恐龙尤其引人注目。它们在三叠纪晚期出现，灭绝于白垩纪晚期，统治地球长达1.6亿年之久。在19世纪初期，曼特尔夫妇发现恐龙化石后，人们才知道地球上曾生活着这样一群奇特的生物。随着对恐龙化石的不断发掘和研究，人们对恐龙的认识也越来越清晰。

在恐龙世界中，有各种各样的成员。它们有的喜欢吃肉，有的喜欢吃草和树叶，还有的则喜欢吃恐龙蛋、昆虫或哺乳动物；它们有的生活在水草丰茂的平原，有的生活在广袤的沙漠，有的则生活在海边或者河边；它们有的长得高高大大，有的长得小巧玲珑。本书主要精选了一些活跃于白垩纪早期的恐龙家族的明星成员，以及这一时期的远古巨兽，比如：腿很长的昆卡猎龙、鼻角上还有头盾的戟龙、有三米长脑袋的克柔龙、长有羽毛的小盗龙、有六层楼那么高的波塞东龙。小朋友，你想知道它们都分布在哪里吗？它们又是如何生活的呢？快打开本书，让我们一起去看看吧！

目录

kūn kǎ liè lóng

昆卡猎龙

kūn kǎ liè lóng yě jiào tuó bèi lóng shì tuǐ zuì cháng de shā chǐ lóng kē
昆卡猎龙也叫驼背龙，是腿最长的鲨齿龙科
kǒnglóng qí huà shí bèi fā xiàn yú xī bān yá kǎ sī tí yà lā màn chá zì
恐龙，其化石被发现于西班牙卡斯提亚·拉曼查自
zhì qū kūn kǎ shěng nián xī bān yá gǔ shēng wù xué jiā duì zhè jù huà
治区昆卡省。2010年，西班牙古生物学家对这具化
shí jìn xíng le zhèng shì xù shù hé mìngmíng chēng qí wéi kūn kǎ liè lóng tā
石进行了正式叙述和命名，称其为“昆卡猎龙”。它
bù jǐn shì shā chǐ lóng lèi kǒnglóngzhōng tuǐ zuì cháng de yì zhǒng hái shi shàncháng bēn
不仅是鲨齿龙类恐龙中腿最长的一种，还是擅长奔
pǎo xíngdòng mǐn jié de lüè shí zhě
跑、行动敏捷的掠食者。

我的嘴部比较窄，嘴里长着锋利的牙齿。

档案揭秘

生存年代：白垩纪早期

分布区域：西班牙

身　　长：6米

体　　重：800千克

食　　性：肉食

昆卡猎龙生存于距今约1.3亿年前，是鲨齿龙类恐龙的一种。

昆卡猎龙的腿特别长，奔跑起来速度非常快。

我臀部的隆肉可能具有调节体温的功能。

目前只发现了一具昆卡猎龙标本，这是一具保存非常完整的骨骼化石，从中可以推断出其体长和体重。

yú liè lóng

鱼猎龙

yú liè lóng zhǎng zhe xíng sì jí lóng de shēn zi yǔ è yú xiāng sì de zuǐ
鱼猎龙长着形似棘龙的身子，与鳄鱼相似的嘴
ba bú guò tā shēn tǐ jiào shòu zhǎng zhe liǎng gè fēn kāi de bèi jí ér yǔ è
巴，不过它身体较瘦，长着两个分开的背棘。而与鳄
yú xiāng bǐ yú liè lóng bìng bù shēng huó zài shuǐ lǐ ér shì shēng huó zài lù dì
鱼相比，鱼猎龙并不生活在水里，而是生活在陆地
shàng yú liè lóng hé sì è lóng yí yàng tā yě xǐ huan chī yú tā de huà shí
上。鱼猎龙和似鳄龙一样，它也喜欢吃鱼。它的化石
bèi fā xiàn de shí jiān jiào wǎn shì nián zài lǎo wō bèi fā
被发现的时间较晚，是 2010 年在老挝被发
xiàn de
现的。

档案揭秘

生存年代：白垩纪早期

分布区域：老挝

身　　长：9 米

体　　重：3 吨

食　　性：肉食

我的嘴巴又窄又长，和鳄鱼的嘴巴很像。

鱼猎龙生活在距今约 1.25 亿年前，它是一种棘龙类恐龙。

我经常用发达而强壮的后腿行走。

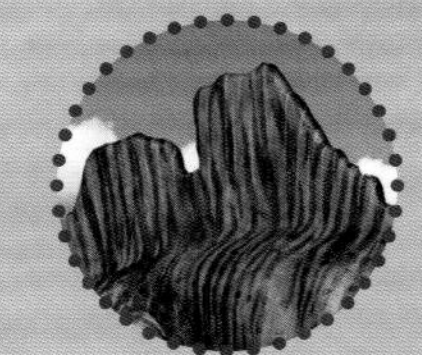

我背上长着高高的棘。

鱼猎龙眼睛的前方长着一个小小的突起。

鱼猎龙是亚洲第一种被命名的棘龙亚科恐龙，它的被发现首次证明了棘龙类恐龙也曾生活在亚洲。

háo yǒng lóng

豪勇龙

háo yǒng lóng yòu míng wú wèi lóng lā dīng wén yuán yì shì yǒng gǎn de xī
豪勇龙又名无畏龙，拉丁文原意是“勇敢的蜥
yì háo yǒng lóng de míng zi kàn shàng qù hěn wēi fēng dàn tā qí shí shì zhí
蜴”。豪勇龙的名字看上去很威风，但它其实是植
shí xìng kǒng lóng tā zuì xǐ huan chī de shí wù shì shù yè shuǐ guǒ hé zhǒng
食性恐龙，它最喜欢吃的食物是树叶、水果和种
zi tā bèi bù zhǎng zhe dà fān yì zhí yán shēn dào wěi ba fēng lì de
子。它背部长着大“帆”，一直延伸到尾巴。锋利的
mǔ zhǐ dīng shì tā yǒu lì de wǔ qì néng cì shāng nà xiē wēi xiǎn de lái fàn zhě
拇指钉是它有力的武器，能刺伤那些危险的来犯者。

豪勇龙的头部长而平坦，头骨有60多厘米长呢！

档案揭秘

生存年代：白垩纪早期

分布区域：尼日尔

身　　长：7米

体　　重：4吨

食　　性：植食

豪勇龙生活在距今约1.25亿年前，它是一种奇特的禽龙类恐龙。

我的后肢强壮有力，可以用来支撑身体。

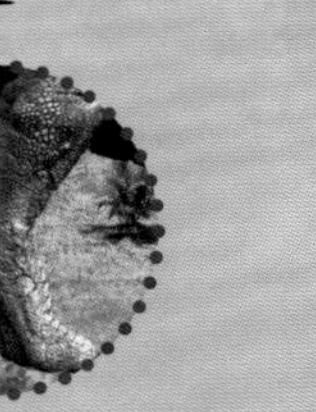

我的前肢特别短，大概只有后肢长度的一半。

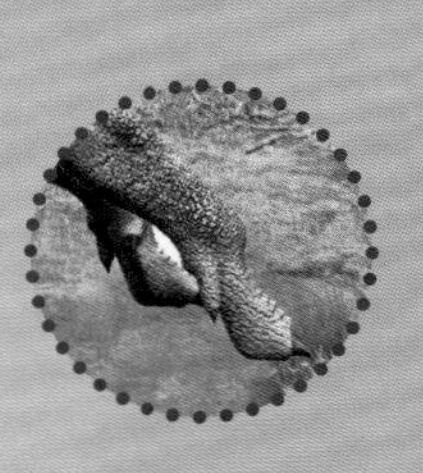

豪勇龙最显著的特征就是背上的帆状物，科学家推测，它不仅可以调节体温，还能用来吓唬掠食动物。

jǐ lóng
戟龙

jǐ lóng yòu jiào cì dùn jiǎo lóng xī là wén yuán yì wéi yǒu jiān cì de xī yì tā de nǎo dai hěn dà zhǎng zhe yì zhī dà dà de bí jiǎo bí jiǎo shàng miàn hái yǒu yí miàn tóu dùn shàng miàn zhǎng zhe wǔ liù zhī jiān jiǎo yóu yú sì zhī jiào duǎn jǐ lóng xíng dòng huǎn màn bù néng kuài sù bēn pǎo rú guǒ yǒu ròu shí xìng kǒng lóng gōng jī jǐ lóng huì yòng tā fēng lì de jiān jiǎo qù měng cì dí rén

戟龙又叫刺盾角龙，希腊文原意为“有尖刺的蜥蜴”。它的脑袋很大，长着一只大大的鼻角，鼻角上面还有一面头盾，上面长着五六只尖角。由于四肢较短，戟龙行动缓慢，不能快速奔跑。如果有肉食性恐龙攻击，戟龙会用它锋利的尖角去猛刺敌人。

档案揭秘

生存年代：白垩纪晚期

分布区域：北美洲

身　　长：5.5 米

体　　重：3 吨

食　　性：植食

戟龙生活在距今约 7650 万年前，它是植食性角龙类恐龙的一种。

头盾可以保护我柔软的颈部。

和其他角龙类同伴相比，我的尾巴比较短。

戟龙头上的尖角可以用来吸引异性或者威慑天敌。

戟龙喜欢群居，常常与其他角龙类及植食性恐龙共栖。它性格温顺，只要不去招惹它，它一般不会主动攻击。

gǔ jiǎo lóng

古角龙

古角龙是一种两足行走的小型恐龙，是植食性恐龙中的小个子。它的头部很奇特，有着类似鹦鹉的喙状嘴。古角龙是角龙类的始祖，和后期的角龙类恐龙不同，古角龙的头盾很小，也没有角。20世纪末期，在中国甘肃省的马鬃山地区，人们发现了古角龙化石。

虽然它叫古角龙，却没有长角，头顶只有两个小小的突起。

档案揭秘

生存年代：白垩纪早期

分布区域：中国甘肃

身　　长：1米

体　　重：15~25千克

食　　性：植食

古角龙生存于距今1.3亿～1.4亿年前，它有着鹦鹉喙般的嘴巴。

我虽然长得很凶，但却是植食性恐龙。

我一般用两足行走，有时也会用四足行走。

古角龙的发现证实了古角龙是角龙类的真正始祖，以及角龙类起源于亚洲，而后迁移到北美的假说。

yīng wǔ zuǐ lóng

鹦鹉嘴龙

yīng wǔ zuǐ lóng yòu jiào yīng wǔ lóng yīn wèi zhǎng zhe yì zhāng kù sì yīng wǔ
鹦鹉嘴龙又叫鹦鹉龙，因为长着一张酷似鹦鹉
de zuǐ suǒ yǐ bèi mìng míng wéi yīng wǔ zuǐ lóng yīng wǔ zuǐ lóng shì yì zhǒng xiǎo
的嘴，所以被命名为鹦鹉嘴龙。鹦鹉嘴龙是一种小
xíng zhí shí xìng kǒng lóng yǒu qù de shì tā zuǐ lǐ méi yǒu zhǎng néng jǔ jué shí
型植食性恐龙。有趣的是，它嘴里没有长能咀嚼食
wù de yá chǐ què zhǎng zhe jǐ kē ruì lì de yòng yú sī chě zhí wù de yá chǐ
物的牙齿，却长着几颗锐利的用于撕扯植物的牙齿。
yīn wèi wú fǎ jǔ jué tā zǒng shì tūn shí yī xiē xiǎo shí kuàir yǐ bāng zhù mó
因为无法咀嚼，它总是吞食一些小石块儿，以帮助磨
suì hé xiāo huà wèi lǐ de shí wù
碎和消化胃里的食物。

档案揭秘

生存年代：白垩纪早期

分布区域：中国、蒙古、俄罗斯

身　　长：1~2 米

体　　重：不详

食　　性：植食

我有一张与鹦鹉相似的带钩的鸟嘴。

鹦鹉嘴龙生存于距今 1.1 亿 ~ 1.2 亿年前，它是一种小型的植食性恐龙。

短短的前肢可以帮助鹦鹉嘴龙筑巢。

我尾巴的作用与现代鳄鱼尾巴的作用类似。

一个保存完好的标本显示，鹦鹉嘴龙可能像鸵鸟一样抚育后代，这也证明了恐龙具有亲代抚育的行为。

蜥结龙

xī jié lóng

xī jié lóng yě jiào xún jiǎ lóng tǐ xíng gēn jīn tiān de hēi xī niú yǒu diǎn xiàng
蜥结龙也叫循甲龙，体形跟今天的黑犀牛有点像，
tā yǒu yí liàng xiǎo qì chē nà me cháng shì yì zhǒng tǐ xíng jiào xiǎo de jiǎ lóng lèi kǒng
它有一辆小汽车那么长，是一种体形较小的甲龙类恐
lóng xī jié lóng zhǎng zhe jù chǐ bān de bèi jǐ zhè bèi jǐ cóng nǎo dai yì zhí zhǎng
龙。蜥结龙长着锯齿般的背脊，这背脊从脑袋一直长
dào wěi ba mò shāo yīn wèi shēn tǐ shàng fù gài zhe gǔ bǎn hé jiān cì
到尾巴末梢。因为身体上覆盖着骨板和尖刺，
xī jié lóng de tǐ zhòng fēi cháng zhòng suǒ yǐ tā bú shàn yú bēn pǎo
蜥结龙的体重非常重，所以它不善于奔跑。

档案揭秘

生存年代：白垩纪早期

分布区域：北美洲

身　　长：5 米

体　　重：1.5 吨

食　　性：植食

我的身体两侧长着两排大尖刺，能够防御肉食性恐龙的袭击。

蜥结龙生存在距今约 1.25 亿年前，它是一种性情温和的植食性恐龙。

我的尾巴特别长，几乎占了身体长度的一半。

蜥结龙长着结实的四肢，因此能够支撑起庞大的身体。

我嘴里长满了密密的尖牙齿，用来切割植物。

在一具蜥结龙化石上，考古学家发现了 40 节尾椎，而且这些并非所有尾椎。

gǔ mó yì lóng

古魔翼龙

gǔ mó yì lóng zhǎng de fēi cháng xiǎo qiǎo zhǐ yǒu bàn mǐ cháng dàn tā de nǎo dai yì diǎnr yě bù xiǎo zuǐ ba gèng shì qí tè wú bǐ jiù xiàng shì liǎng bǎ tāng sháo kòu zài yì qǐ lǐ miàn hái zhǎng mǎn le wān qū de jiān yá cǐ wài gǔ mó yì lóng tóu shàng hái yǒu sān gè bù tóng de guān shì qí zhōng jiào xiǎo de yí gè wèi yú nǎo dai hòu fāng lìng wài liǎng gè bǐ jiào dà wéi yuán xíng guān shì wèi yú shàng xià hé de qián duān

古魔翼龙长得非常小巧，只有半米长，但它的脑袋一点儿也不小，嘴巴更是奇特无比，就像是两把汤勺扣在一起，里面还长满了弯曲的尖牙。此外，古魔翼龙头上还有三个不同的冠饰，其中较小的一个位于脑袋后方，另外两个比较大，为圆形冠饰，位于上下颌的前端。

档案揭秘

生存年代：白垩纪早期

分布区域：南美洲

翼　　展：4~5 米

体　　重：不详

食　　性：肉食

古魔翼龙的脑袋非常狭窄，嘴里长满了利齿，很适合捕食鱼类。

我的躯干非常纤细、轻巧，骨骼是中空的，因此身体非常灵活。

古魔翼龙生存在距今约 1.2 亿年前，是一种嘴巴奇特的小巧翼龙。

我的嘴巴前端有个圆形，从侧面看就像一个菱形的木盒。

古魔翼龙在空中非常
灵活，因为它的内耳有3
个半规管(平衡感受器)，
可以保证它在飞行过程中
身体始终保持平衡。

zhèn yuán yì lóng

振元翼龙

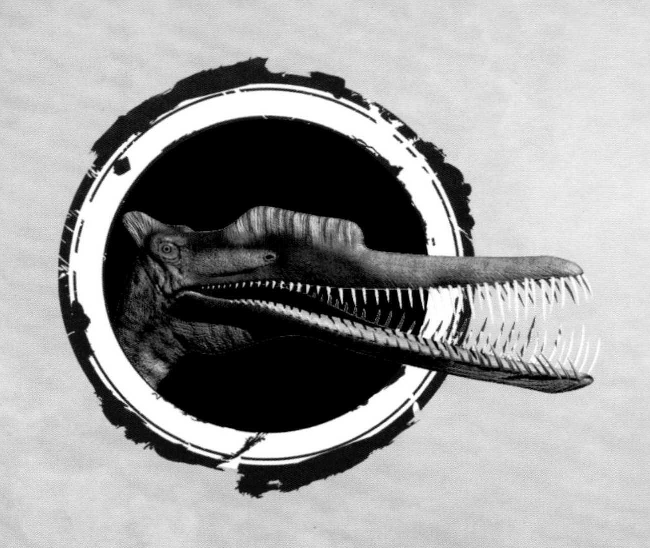

zhènyuán yì lóng de tǐ xíngbìng bú suàn dà yì zhǎn zhǐ yǒu mǐ duō cháng
振元翼龙的体形并不算大，翼展只有1米多长，
tóu lú gǔ cháng dù yě jǐn yǒu duō lí mǐ dàn shì tā de yá chǐ fēi cháng dà
头颅骨长度也仅有20多厘米，但是它的牙齿非常大，
ér qiě shù liàngxiāngdāng duō yǒu duō kē dāng zài shuǐ miàn fēi xíng shí yí
而且数量相当多，有100多颗。当在水面飞行时，一
dàn fā xiàn liè wù tā jiù huì yòng ruì lì de yá chǐ huò jiān zhǎo bǔ zhuō shuǐ miàn fù
旦发现猎物，它就会用锐利的牙齿或尖爪捕捉水面附
jìn de dòng wù qí bǔ liè fāng shì hé xiàn dài mǒu xiē niǎo fēi chángxiāng sì
近的动物，其捕猎方式和现代某些鸟非常相似。

档案揭秘

生存年代：白垩纪早期

分布区域：亚洲

身　　长：约55厘米

体　　重：不详

食　　性：肉食

我的牙齿长在嘴的前部，形成筛网状，很适合捕食鱼类。

我的翅膀是由皮肤、肌肉和其他软组织构成的膜。

振元翼龙生存在距今约1亿年前，是一种小型爬行动物。

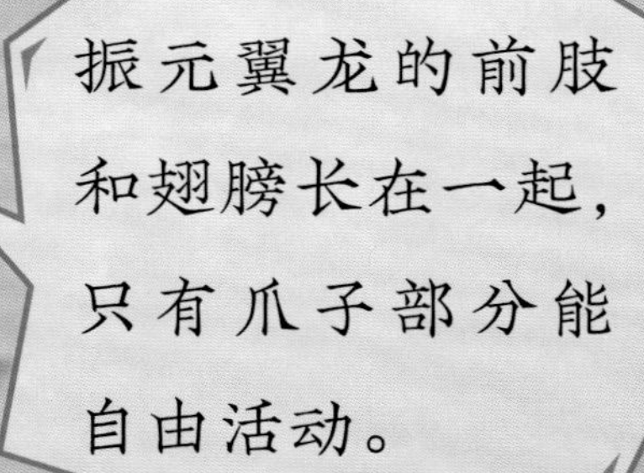

振元翼龙的前肢和翅膀长在一起，只有爪子部分能自由活动。

振元翼龙在空中十分灵活，但在陆地上却非常笨拙，只能用后肢支撑身体，缓慢移动。有时，它短小的前肢也会参与到行走中。

kè róu lóng

克柔龙

kè róu lóng shì yì zhǒng hǎi shēng pá xíng dòng wù tǐ xíng xiāng dāng páng
克柔龙是一种海生爬行动物，体形相当庞
dà guāng nǎo dai jiù chāo guò mǐ cháng dàn shì bó zi yòu duǎn yòu cū zhǐ yǒu
大，光脑袋就超过 3 米长，但是脖子又短又粗，只有
kuài jǐng gǔ kè róu lóng zuì wéi kǒng bù de shì tā de dà zuǐ ba tā de zuǐ
12 块颈骨。克柔龙最为恐怖的是它的大嘴巴。它的嘴
ba jī hū hé nǎo dai yí yàng cháng lǐ miàn dào chù dōu shì yòu dà yòu cháng de ruì
巴几乎和脑袋一样长，里面到处都是又大又长的锐
lì yá chǐ ér qiě yǎo hé lì shí fēn jīng rén néng qīng yì jiāng liè wù sī chéng
利牙齿，而且咬合力十分惊人，能轻易将猎物撕成
suì piàn
碎片。

档案揭秘

生存年代：白垩纪早期

分布区域：各个海洋

身　　长：9~12 米

体　　重：约 12 吨

食　　性：肉食

克柔龙生存在距今约 1.2 亿年前，是一种恐怖的海洋肉食性动物。

我的鼻孔位于头顶上，可以使身体在不露出水面的情况下呼吸。

我的牙齿很大，呈回锥状。

我的躯干十分紧凑，为的是减小游动时的阻力。

克柔龙的后肢已经完全消失，前肢则进化成了鳍状，用来控制前进方向。

克柔龙是蛇颈龙的一个分支，它在演化过程中颈部大幅缩短，身长变短，体形也变小不少，但运动速度变得更快，运动方式也更加复杂。

帝鳄

帝鳄堪称“鳄王”，是一种极其凶猛的鳄类。它除了体形巨大之外，还有很多厉害的装备。现今鳄鱼的牙齿都是狭窄的撕裂用的牙齿，而帝鳄的巨嘴里是130多颗又粗又锋利的圆锥形牙齿，能轻易抓取和夹住猎物。此外，它的背上还有一排排鳞甲，就像装甲一样，能防御敌人的袭击。

档案揭秘

生存年代：白垩纪早期

分布区域：非洲

身　　长：约10米

体　　重：约8吨

食　　性：肉食

帝鳄生存在距今约1.2亿年前，是曾经存活过的最大型鳄类动物之一。

帝鳄的尾巴又粗又长，摆动起来能瞬间将它推向前方。

我的嘴咬合力惊人，而且里面全是巨大的尖锐牙齿。

我背上的鳞甲十分坚硬，能抵抗大型动物的撕咬。

帝鳄大部分时间都潜伏在水中，为偷袭鱼类、龟类和小型恐龙等生物做准备。当猎物进入伏击距离后，它会瞅准时机，瞬间将猎物拽进水中杀死。

dì lóng

帝龙

帝龙是一种小型食肉恐龙，也是暴龙家族中比较古老的一员，与霸王龙同属于暴龙超科恐龙。与霸王龙一样，帝龙虽然个头儿比较小，却是当时恐龙中极其凶残的杀手。它最大的特点就是身上长有羽毛。这些羽毛不同于鸟类的羽毛，主要是用来保暖的，不能用来飞行。

档案揭秘

生存年代：白垩纪早期

分布区域：中国辽宁

身　　长：约 2 米

体　　重：不详

食　　性：肉食

我的头看上去并不起眼。

和我的暴龙亲戚不同，我身上长着一些很原始的羽毛。

帝龙生存于距今约 1.39 亿年前，是一种长有羽毛的小型暴龙科恐龙。

帝龙前肢细长，上面有三根手指，是它捕食的有力武器。

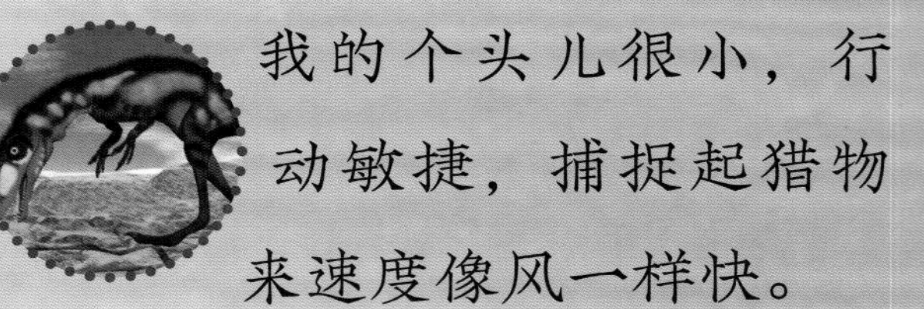

我的个头儿很小，行动敏捷，捕捉起猎物来速度像风一样快。

帝龙的头冠在鼻孔后方连接在一起，且往里面弯曲。科学家猜测头冠可能是帝龙用来辨认同伴或求偶的。

wěi yǔ lóng
尾羽龙

wěi yǔ lóng hé yuán shǐ zǔ niǎo de tǐ xíng gè tóur chà bu duō dàn tā
尾羽龙和原始祖鸟的体形、个头儿差不多，但它
men shì liǎng lèi jié rán bù tóng de dòng wù wěi yǔ lóng de tóu yòu duǎn yòu gāo chú
们是两类截然不同的动物。尾羽龙的头又短又高，除
le wěn bù zuì qián duān yǒu jǐ kē yá chǐ wài zuǐ lǐ jī hū méi yǒu qí tā yá chǐ
了吻部最前端有几颗牙齿外，嘴里几乎没有其他牙齿。
tā de bó zi tè bié cháng dàn qián zhī què fēi cháng xiǎo wěi ba yě hěn duǎn yǒu
它的脖子特别长，但前肢却非常小，尾巴也很短。有
qù de shì tā wěi ba dǐng duān zhǎng zhe yí shù shàn xíng pái liè de wěi yǔ
趣的是，它尾巴顶端长着一束扇形排列的尾羽。

我的牙齿很少，只在吻部最前端长了几颗。

档案揭秘

生存年代：白垩纪早期

分布区域：中国辽宁

身　　长：70~90 厘米

体　　重：约 2 千克

食　　性：肉食

我奔跑起来速度惊人，可以快速追赶猎物。

尾羽龙生存在距今约 1.25 亿年前，是一种长相奇特的兽脚类恐龙。

尾羽龙的前肢也长着一排羽毛，可以起到保暖的作用。

我身上长着羽毛，与现代的羽毛不同，它们是对称分布的。

尾羽龙胃部有用来磨碎和消化食物的胃石。胃石在鸟类和其他种类的恐龙中很常见，但在兽脚类恐龙中却很罕见。

xiǎo dào lóng
小盗龙

xiǎo dào lóng zhǎng de fēi cháng qí tè hé shǐ zǔ niǎo bǐ jiào xiàng tǐ xíng fēi cháng jiāo xiǎo yǒu de shèn zhì hái méi you yì zhī jī zhòng yǔ qí tā dà duō shù kǒng lóng bù tóng xiǎo dào lóng de sì zhī hé wěi ba dōu zhǎng zhe yǔ máo yīn wèi chì bǎng hěn xiǎo ér bù néng fēi xiáng dàn tā què kě yǐ lì yòng chì bǎng kuài sù pān pá shù gàn bǔ shí liè wù

小盗龙长得非常奇特，和始祖鸟比较像，体形非常娇小，有的甚至还没有一只鸡重。与其他大多数恐龙不同，小盗龙的四肢和尾巴都长着羽毛，因为翅膀很小而不能飞翔，但它却可以利用翅膀快速攀爬树干，捕食猎物。

档案揭秘

生存年代：白垩纪早期

分布区域：中国辽宁

身　　长：40 厘米

体　　重：0.5~5 千克

食　　性：肉食

小盗龙生存于距今约 1.3 亿年前，是已知最小的恐龙之一。

小盗龙行动迅速敏捷，猎物很难逃出它的手掌。

我的四肢和尾巴上长着漂亮的羽毛。

我喜欢栖息在树上，还经常在林间自由滑翔。

目前发现两种小盗龙：赵氏小盗龙和顾氏小盗龙。其中，赵氏小盗龙是目前世界已知体形最小的兽足类恐龙。

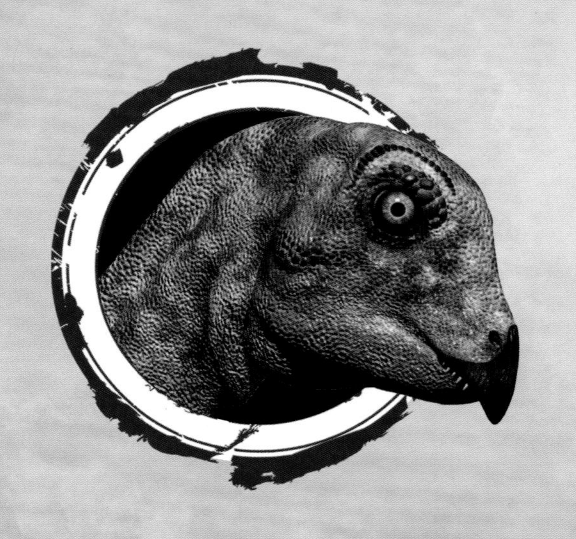

léng chǐ lóng

棱齿龙

nǐ tīng guo léng chǐ lóng ma tā shì yì zhǒng niǎo jiǎo lèi kǒng lóng yīn wèi
你听过棱齿龙吗？它是一种鸟脚类恐龙，因为
tā de yá chǐ shàng yǒu wǔ liù tiáo léng suǒ yǐ bèi rén men chēng zuò léng chǐ lóng
它的牙齿上有五六条棱，所以被人们称作“棱齿龙”。
léng chǐ lóng yòng liǎng zú xíng zǒu zài bái è jì zǎo qī de běi měi zhōu dà lù hé ōu
棱齿龙用两足行走，在白垩纪早期的北美洲大陆和欧
zhōu dà lù shàng dào chù dōu kě yǐ kàn dào tā men de shēn yǐng nǐ yīng gāi xiǎng bu
洲大陆上，到处都可以看到它们的身影。你应该想不
dào zhè zhǒng kǒng lóng kàn shàng qù bù qǐ yǎn yǎn jing què jīng rén de mǐn ruì
到，这种恐龙看上去不起眼，眼睛却惊人的敏锐。

档案揭秘

生存年代：白垩纪早期

分布区域：欧洲、北美洲等

身　　长：1.4~2.3 米

体　　重：50~70 千克

食　　性：植食

棱齿龙的脑袋很小，只有成人的拳头那么大。

我个头儿不大，身高也只到一个成年人的腰部。

棱齿龙生存在距今约1.37亿年前，是一种小型植食性恐龙。

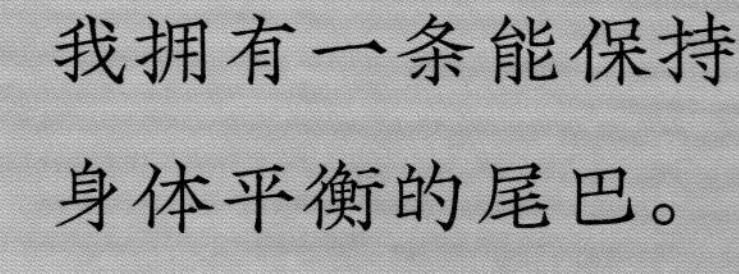

我拥有一条能保持身体平衡的尾巴。

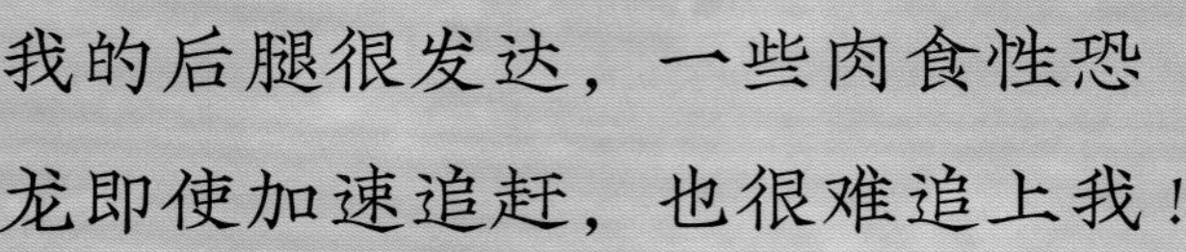

我的后腿很发达，一些肉食性恐龙即使加速追赶，也很难追上我！

棱齿龙喜欢吃枝叶。咀嚼食物时，它牙齿上面的几条棱可以有效地保护它的牙齿。即使长时间进食，牙齿也不会受到损害。

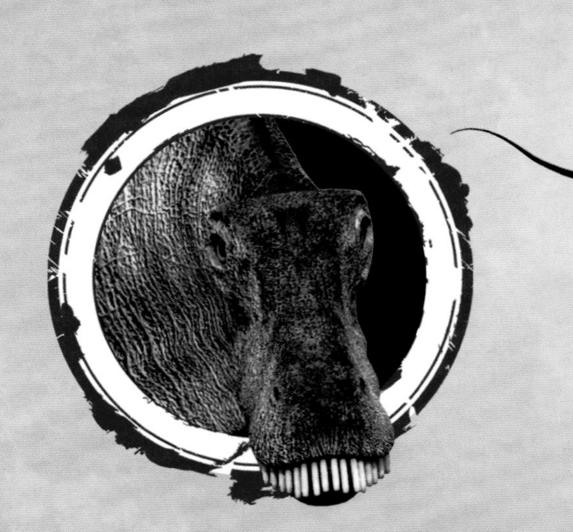

ā mǎ jiā lóng

阿马加龙

阿马加龙是一种长相很有特点的恐龙，它从头部到背部长着一对平行排列的棘刺。其中，颈部的棘刺最长，可达65厘米，臀部的棘刺最短，只有颈部的一半长。这些棘刺之间长有皮膜，就像是一面大帆，可以用来调节体温、迷惑肉食性恐龙或者和同伴进行沟通。

档案揭秘

生存年代：白垩纪早期

分布区域：南美洲

身　　长：约9米

体　　重：约4吨

食　　性：植食

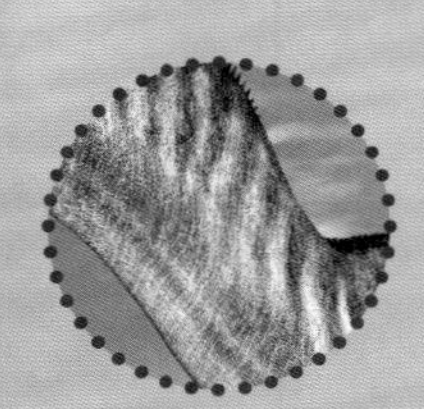

在蜥脚类中，我的脖子算是短的，只有躯干的1.3倍左右。

阿马加龙生存在距今约1.3亿年前，它是一种体形非常小的蜥脚类恐龙。

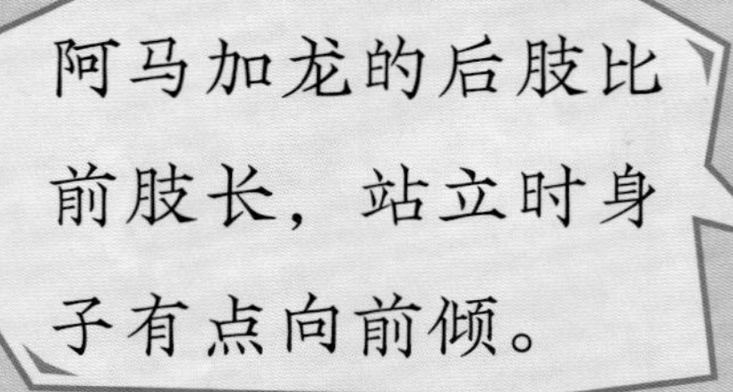

阿马加龙的后肢比前肢长，站立时身子有点向前倾。

我的尾巴非常纤细，甩动起来啪啪作响。

阿马加龙身上的棘刺是从背部骨骼中长出的，横剖面为圆形，表面可能覆盖有角质，可用来制造声响。

bō sài dōng lóng

波塞东龙

bō sài dōng lóng shì yì zhǒng zhí shí xìng kǒng lóng tǐ xíng fēi cháng gāo dà
波塞东龙是一种植食性恐龙，体形非常高大，
néng dá dào mǐ gāo hé céng lóu de gāo dù xiāng dāng yuǎn yuǎn chāo guò bié
能达到 17 米高，和 6 层楼的高度相当，远远超过别
de cháng bó zi kǒng lóng zhī suǒ yǐ zhè me gāo shì yīn wèi tā yǒu yí gè cháng
的长脖子恐龙。之所以这么高，是因为它有一个长
dá mǐ néng gāo gāo tái qǐ de bó zi zhè ge bó zi suī rán hěn cháng dàn
达 12 米、能高高抬起的脖子。这个脖子虽然很长，但
bìng bú zhòng yīn wèi tā de jǐng zhuī jù yǒu fēng wō zhuàng jié gòu lǐ miàn shì zhōng
并不重，因为它的颈椎具有蜂窝状结构，里面是中
kōng de
空的。

我的躯干短粗，但脖子细长，长得和长颈鹿类似。

我的尾巴没有脖子长，但比脖子要灵活得多。

档案揭秘

生存年代：白垩纪早期

分布区域：北美洲

身　　长：30~34 米

体　　重：50~60 吨

食　　性：植食

波塞东龙生存在距今约 1.4 亿年前，它是目前已知最高的恐龙。

波塞东龙的四肢粗壮，前肢比后肢长，从脚底到肩膀大约有 6 米。

波塞东龙并没有我们想象的那么重。因为它体形修长，脖子和尾巴占了它体长很大一部分，此外它还可能拥有气囊系统。

qín lóng

禽龙

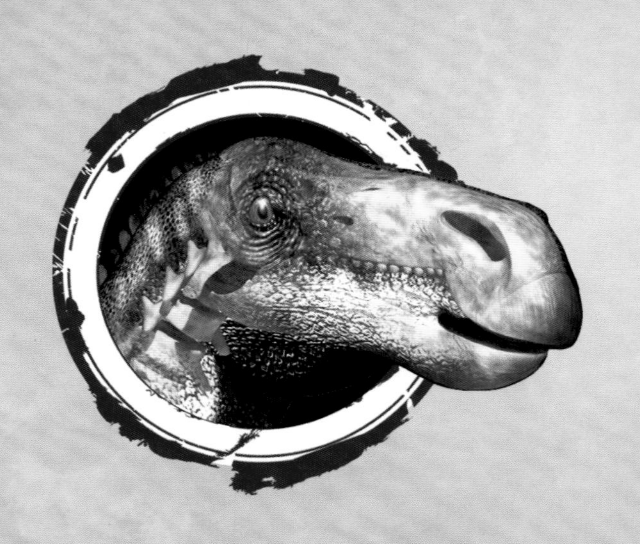

qín lóng shì yì zhǒng dà xíng zhí shí xìng kǒng lóng zuì míng xiǎn de tè zhēng shì qián zhī mǔ zhǐ yǒu yì zhī jiān zhǎo zhè zhī jiān zhǎo shí fēn jiān yìng chéng yuán zhuī xíng jì néng dàng zuò wǔ qì duì fu ròu shí xìng kǒng lóng yě kě yǐ dàng zuò gōng jù wā qǔ zhí wù de zhǒng zi tōng cháng qín lóng shǐ yòng liǎng zú xíng zǒu dàn suí zhe nián líng jí tǐ zhòng de zēng jiā yě huì cǎi qǔ sì zú fāng shì xíng zǒu hé bēn pǎo

禽龙是一种大型植食性恐龙，最明显的特征是前肢拇指有一只尖爪。这只尖爪十分坚硬，呈圆锥形，既能当作武器，对付肉食性恐龙，也可以当作工具，挖取植物的种子。通常，禽龙使用两足行走，但随着年龄及体重的增加，也会采取四足方式行走和奔跑。

档案揭秘

生存年代：白垩纪早期

分布区域：欧洲

身　　长：约 10 米

体　　重：约 3 吨

食　　性：植食

我的嘴前端有一个角质喙，喙里没有牙齿。

禽龙的躯干非常粗壮，就像一个小土坡。

禽龙生存在距今约 1.3 亿年前，它是第一种被正式发现的恐龙。

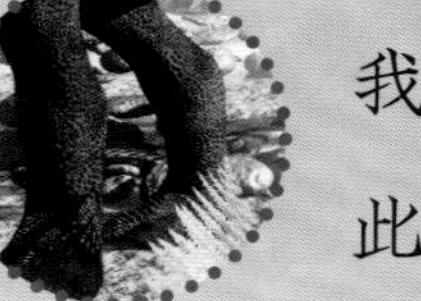

我的后肢粗壮发达，因此奔跑速度十分快。

我的尾巴可以平衡身体重心。

禽龙的嘴里有100多颗细小的牙齿，这些牙齿可以不断生长、替换，所以它们能够终身以坚硬的植物为食。

gāo jí lóng

高棘龙

gāo jí lóng shì nán fāng jù shòu lóng de jìn qīn dàn tǐ xíng yào xiǎo yì xiē
高棘龙是南方巨兽龙的近亲，但体形要小一些。
tā zuì míng xiǎn de tè zhēng jiù shì bèi shàng gāo dà de bèi jí zhè xiē jù dà de
它最明显的特征就是背上高大的背棘，这些巨大的
shén jīng tū qǐ yì zhí cóng jǐng bù yán shēn dào tún bù gāo jí lóng de míng zi yě yīn
神经突起一直从颈部延伸到臀部，高棘龙的名字也因
cǐ ér lái yǒu yí duàn shí jiān kē xué jiā hái yǐ wéi gāo jí lóng shì jí lóng de
此而来。有一段时间，科学家还以为高棘龙是棘龙的
yì zhǒng ne hòu lái cái fā xiàn tā qí shí hé nán fāng jù shòu lóng shā chǐ lóng
一种呢！后来才发现，它其实和南方巨兽龙、鲨齿龙
bǐ jiào xiāng sì
比较相似。

档案揭秘

生存年代：白垩纪早期
分布区域：美国、加拿大
身　　长：10~13 米
体　　重：5~7 吨
食　　性：肉食

我的背棘不高，但还是在背部形成了一个又厚又高的隆起。

我的眼睛上方也有两个小小的突起，但并没有形成角冠。

高棘龙生存在距今约1.2亿年前，它是一种长有背棘的鲨齿龙科恐龙。

高棘龙的肩膀很宽，身体非常厚实，看起来十分强壮。

和其他兽脚类恐龙一样，我的前肢无法用来行走。

高棘龙肩膀的转动范围很小，前肢无法完全伸直，也不能大幅度弯曲，所以它们主要还是用嘴部来捕食。

nì rì ěr lóng

尼日尔龙

ní rì ěr lóng tǐ xíng jiào xiǎo zhǎng xiàng qí tè nǎo dai xiàng chǎn zi zuǐ ba xiàng xī chén qì kuān dà de zuǐ lǐ zhǎng zhe mì mi má má de zhēn xíng yá chǐ shì fēi zhōu běi bù de kǒng lóng zhī yī ní rì ěr lóng zài chī dōng xi shí biān bǎi dòng bó zi biān kěn shí jiù xiàng shì yì tái dà xíng gē cǎo jī yīn wèi tā de huà shí shì zài ní rì ěr jìng nèi bèi fā xiàn de suǒ yǐ bèi mìng míng wéi ní rì ěr lóng

尼日尔龙体形较小、长相奇特，脑袋像铲子，嘴巴像吸尘器，宽大的嘴里长着密密麻麻的针形牙齿，是非洲北部的恐龙之一。尼日尔龙在吃东西时，边摆动脖子边啃食，就像是一台大型割草机。因为它的化石是在尼日尔境内被发现的，所以被命名为尼日尔龙。

档案揭秘

生存年代：白垩纪中期

分布区域：尼日尔

身　　长：9米

体　　重：约4吨

食　　性：植食

我的牙齿特别多，有五六百颗呢，它们都排列在我嘴部的前端。

尼日尔龙生存在距今9000万～1.19亿年前，它是梁龙超科恐龙的一种。

强壮结实的四肢支撑着尼日尔龙庞大的身体。

我的尾巴可以用来抵御敌人。

尼日尔龙的骨骼是中空的，背部长着低矮的神经棘。经考古学家推断，这些神经棘之间可能有皮肤或肌肉连接。

ā gēn tíng lóng

阿根廷龙

ā gēn tíng lóng shì zhēnzhèng de jù wú bà shēncháng hé tǐ zhòng dōu yuǎnyuǎnchāo guò dà duō shù kǒnglóng jǐn yì gēn xiǎo tuǐ gǔ jiù yǒu 1.5 mǐ duō cháng yóu yú tǐ xíng jù dà tā jī hū méi yǒu tiān dí jué dà duō shù ròu shí xìngkǒnglóng dōu huì bèi tā jù dà de tǐ xíng xià tuì ér dāng dì wéi yī néng duì tā zào chéng wēi xié de kě néng zhǐ yǒu tǐ xíng hé bà wánglóng jiē jìn de mǎ pǔ lóng

阿根廷龙是真正的巨无霸，身长和体重都远远超过大多数恐龙，仅一根小腿骨就有1.5米多长。由于体形巨大，它几乎没有天敌，绝大多数肉食性恐龙都会被它巨大的体形吓退，而当地唯一能对它造成威胁的，可能只有体形和霸王龙接近的马普龙。

档案揭秘

生存年代：白垩纪中期

分布区域：南美洲

身　　长：30~34米

体　　重：88~100吨

食　　性：植食

我的躯干非常粗壮，像水桶一样。仅一根脊椎骨就能达到2米长。

我的脖子长度和尾巴相近，而且总是向前挺着。

阿根廷龙生存在距今约1亿年前，它是目前被发现的最大的陆地恐龙之一。

阿根廷龙的尾巴又细又长，能像鞭子一样自由甩动。

我的四肢又粗又壮，支撑我庞大的身体没有任何困难。

白垩纪中期时，大多数蜥脚类恐龙都灭绝了，但是阿根廷龙在南美洲生活得很惬意，不仅没有灭绝，反而演化得更为庞大了。

shā chǐ lóng

鲨齿龙

听到“鲨齿龙”的名字，人们自然就会想到它那酷似鲨鱼的牙齿。的确，鲨齿龙的牙齿是所有肉食性恐龙中最锋利的。它的体形没有霸王龙大，头也稍小一些，但这丝毫也没有影响它的凶猛程度。事实上，鲨齿龙的撕咬速度更快，牙齿也更加锋利，更加适宜切割猎物。

我的眼睛长得很有特点，眼窝四周的凹陷让我看起来就像骷髅一样。

我的牙是不是和大白鲨的很像？它们虽然单薄，却非常锋利。

档案揭秘

生存年代：白垩纪中期

分布区域：非洲

身　　长：11~14 米

体　　重：6~11 吨

食　　性：肉食

鲨齿龙生存在距今约1亿年前，它是牙齿最锋利的大型肉食性恐龙。

和其他肉食性恐龙一样，鲨齿龙也是用两条后腿站立的。

在白垩纪中期的非洲大地上，鲨齿龙是一种主要的大型掠食动物，以捕杀大型和巨型蜥脚类恐龙为食。

kuí zhòu lóng

魁纣龙

魁纣龙是在阿根廷被发现的第二大肉食性恐龙，体形仅次于马普龙，但生存时期要比马普龙早一些。在它们所生存的时代里，魁纣龙绝对是顶级掠食者和当之无愧的霸王。由于骨骼构造以及霸主地位都和霸王龙有些相似，所以也被称为“阿根廷的霸王龙”。

档案揭秘

生存年代：白垩纪早期

分布区域：阿根廷

身　　长：约 13.5 米

体　　重：约 9 吨

食　　性：肉食

魁纣龙的牙齿比鲨齿龙粗壮，所以显得没那么锋利，但可以大口咬下肉块。

魁纣龙生存在距今约 1.18 亿年前，它是最早出现的鲨齿龙科之一。

如果按比例来看，我的身体是极其粗壮的，仅次于霸王龙。

我的前肢无法碰到地面，所以只能用两条后腿站立。

魁纣龙和霸王龙的名字含义极其相似。魁纣龙的名字含义是“暴君巨人”，而霸王龙的名字含义则是“暴君蜥蜴之王”。

nán fāng jù shòu lóng

南方巨兽龙

南方巨兽龙是生活在南美洲阿根廷地区的一种肉食性巨兽。和其他鲨齿龙科恐龙一样，它拥有一口又多又锋利且可以再生的牙齿，所以可以捕捉更大的植食性恐龙。它的体形要比马普龙和魁纣龙略小一些，但凶猛程度却丝毫不差，能让猎物闻风丧胆。

档案揭秘

生存年代：白垩纪中期

分布区域：阿根廷

身　　长：11~14 米

体　　重：8~10 吨

食　　性：肉食

我的两条后腿不长，可以降低重心，平衡我的大头和壮硕的身躯。

我的牙齿很锋利，边缘还带有锯齿，可以轻易切开猎物的肉。

南方巨兽龙生存在距今约1亿年前，是异特龙超科的一种巨大的肉食性恐龙。

我容易保持平衡，这多亏了我那长长的尾巴。

南方巨兽龙的前肢很短小，脖子又很修长，所以前肢怎么伸也够不着嘴巴。

南方巨兽龙可能会捕食巨大的植食性恐龙，比如泰坦巨龙。科学家推测它们很有可能是集体狩猎的。

jí lóng

棘龙

棘龙是一种巨大的肉食性恐龙，比霸王龙还要大。它最显著的特点就是背上独特的长棘，这些长棘是由脊椎骨的神经棘延长而成的，长棘之间有皮肤连接，形成了一个巨大的帆状物。有意思的是，棘龙虽然也能捕食一些植食性恐龙，但它最主要的食物却是水里的鱼类。

档案揭秘

生存年代：白垩纪中期

分布区域：非洲

身　　长：16~18 米

体　　重：12~23 吨

食　　性：肉食

我的头长得酷似鳄鱼，嘴巴长长的，所以捕起鱼来特别方便。

我的嘴里长满了圆锥状的牙齿，而且牙齿后弯形成倒钩，可以很好地锁住猎物。

我的背帆有一米多高，因为不能收拢和折叠，有时候也会有些不方便。

棘龙生存在距今约 1.12 亿年前，它是目前已知最大的肉食性恐龙。

棘龙有一双扁平的脚，可以在水中划行。

科学家至今仍未弄清楚棘龙的帆有什么用。有人认为它能散发热量、调节体温，也有人认为它只是求偶用的。

kǒng zhǎo lóng

恐爪龙

kǒngzhǎolóng shì yì zhǒng tǐ xíng jiào xiǎo de ròu shí xìngkǒnglóng
恐爪龙是一种体形较小的肉食性恐龙，
hé líng dào lóngtóng shǔ yú chí lóng kē kǒnglóng tā de xíngdòng shí fēn mǐn
和伶盗龙同属于驰龙科恐龙。它的行动十分敏
jié ér qiě fēi chángcōngmíng cháng huì cǎi qǔ chéng qún dǎ liè de zhàn shù
捷，而且非常聪明，常会采取成群打猎的战术。
tā zuì zhù míng de tè zhēng jiù shì hòu zhī dì èr zhǐ shàng nà lián dāo bān de lì zhǎo
它最著名的特征就是后肢第二趾上那镰刀般的利爪，
zhè yě shì kǒngzhǎolóng zuì yǒu lì de wǔ qì tā kě yǐ yòng lì zhǎo cì chuō liè wù
这也是恐爪龙最有力的武器，它可以用利爪刺戳猎物，
huò zhě gān cuì pá dào liè wù shēnshàng qù
或者干脆爬到猎物身上去。

档案揭秘

生存年代：白垩纪中期

分布区域：美国

身　　长：约 3.4 米

体　　重：约 73 千克

食　　性：肉食

恐爪龙生存在距今约 1.15 亿年前，它是一种身形轻巧的驰龙科恐龙。

我的手掌很大，有三根指爪，第一指最短，中间那根最长。

我身上还长着羽毛呢！尤其是前肢上，但这些羽毛并不会影响我捉住猎物。

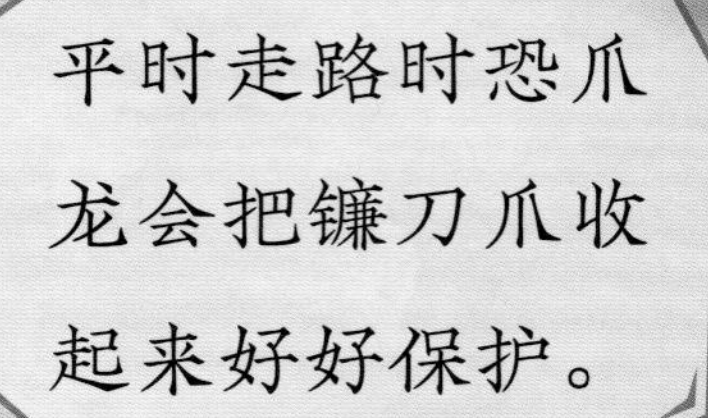

平时走路时恐爪龙会把镰刀爪收起来好好保护。

我的尾巴又长又灵活，还可以侧弯，能让我更好地平衡身体。

恐爪龙的被发现使人们找到了恐龙和鸟类之间的某种联系，而且引发了恐龙有可能是恒温动物的争论。

shànguān dà tiān é lóng

扇冠大天鹅龙

shànguān dà tiān é lóng zhǎng zhe yā zi yí yàng de zuǐ zuǐ lǐ zhǎng zhe shù
扇冠大天鹅龙长着鸭子一样的嘴，嘴里长着数
bǎi kē bú duàn shēng zhǎng tì huàn de xì xiǎo yá chǐ tā zuì yǐn rén zhù mù de shì
百颗不断生长、替换的细小牙齿。它最引人注目的是
qí tè de tóu guān zhè gè tóu guān shì zhōng kōng de hěn xiàng yì bǎ shàn zi lián
奇特的头冠，这个头冠是中空的，很像一把扇子，连
jiē zhe jǐng bù dāng kōng qì cóng tóu guān chuān guò shí tóu guān jiù huì fā chū xiǎng
接着颈部。当空气从头冠穿过时，头冠就会发出响
liàng de shēng yīn yǐ xī yǐn yì xìng huò zhě xiàng tóng bàn chuán dì xìn xī
亮的声音，以吸引异性，或者向同伴传递信息。

档案揭秘

生存年代：白垩纪晚期

分布区域：俄罗斯

身　　长：12 米

体　　重：不详

食　　性：植食

高大而中空的冠饰内部包含鼻管，可以用来发声。

我的尾巴大而长，是我身体长度的一半呢！

扇冠大天鹅龙生存在距今 6500 万～7000 万年前，它是一种大型鸭嘴龙科恐龙。

扇冠大天鹅龙的后腿长而有力，一般用两足行走，有时也用四足行走。

扇冠大天鹅龙可以用两足或者四足行走。同其他的鸭嘴龙科一样，它也是一种习惯群居的植食性恐龙。

lài shì lóng

赖氏龙

赖氏龙又叫兰伯龙，它的嘴巴扁扁的，头顶上长着一根硬刺。它既能用四肢行走，也能将身体直立，依靠健壮的后肢走路。与其他鸭嘴龙科的恐龙一样，它头上也长着一个中空的斧头状脊冠，可以发声。在墨西哥被发现的窄尾赖氏龙是最大的鸟臀目恐龙之一。

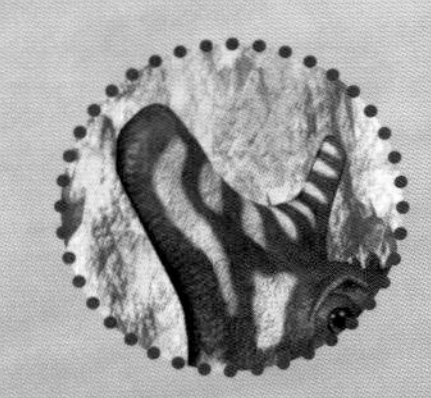

与冠龙不同，我的冠饰向前倾，冠饰里的垂直鼻管位于冠饰前部。

档案揭秘

生存年代：白垩纪晚期

分布区域：北美洲

身　　长：15 米

体　　重：约 23 吨

食　　性：植食

赖氏龙生存在距今 7500 万 ~ 7600 万年前，它是鸭嘴龙科恐龙的一种。

赖氏龙皮肤上有卵石状的花纹，看起来规律有序。

有时候，我会依靠两条后腿来行走。

赖氏龙的牙齿会不断生长、更替，只有少数牙齿可以持续使用，这使它们能够很容易地切割植物，填饱肚子。

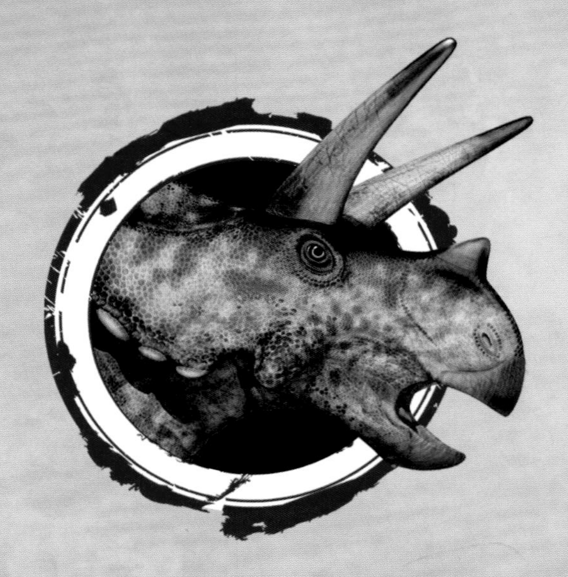

niú jiǎo lóng

牛角龙

niú jiǎo lóng yīn tóu gǔ ér wénmíng tā lā dīngwénmíng zi de yì si shì jù
牛角龙因头骨而闻名，它拉丁文名字的意思是“巨
xíng pá xíng dòng wù yīn tóu dùn shàng zhǎng yǒu dà dòng kǒng suǒ yǐ yě bèi chēng
型爬行动物”，因头盾上长有大洞孔，所以也被称
wéi yǒu kǒng de xī yì rén men céng jīng fā xiàn guo yí kuài cháng dù chāo guò liǎng
为“有孔的蜥蜴”。人们曾经发现过一块长度超过两
mǐ de niú jiǎo lóng tóu gǔ wèi le néng gòu huò dé zú gòu de shí wù niú jiǎo lóng cháng
米的牛角龙头骨。为了能够获得足够的食物，牛角龙常
chángshēng huó zài kào jìn hǎi àn de píngyuán dì qū
常生活在靠近海岸的平原地区。

档案揭秘

生存年代：白垩纪晚期
分布区域：北美洲
身　　长：8米
体　　重：8吨
食　　性：植食

吃食物时，牛角龙会用锐利的喙状嘴咬下树叶。

我的角和头盾不但是武器，还是吸引异性的工具。

牛角龙生存在距今约6500万年前，它是植食角龙类恐龙的一种。

我用四条腿行走，以低矮植物为食。

牛角龙头骨虽然很大，是人类头骨的十多倍，但是脑容量却只有橘子般大小，这说明它们并不是一种聪明的恐龙。

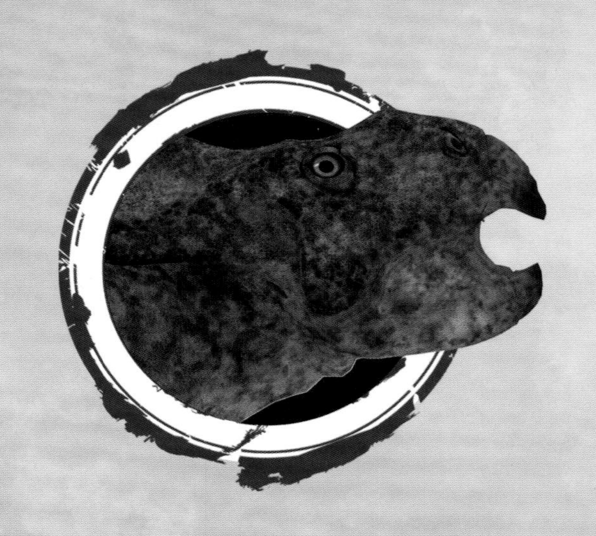

yuán jiǎo lóng

原角龙

yuán jiǎo lóng tǐ xíng jiào xiǎo shì yì zhǒng sì zú xíng zǒu de zhí shí xìng kǒng
原角龙体形较小，是一种四足行走的植食性恐
lóng tā tóu bù zhǎng yǒu dà xíng huì zhuàng zuǐ hé sì duì dòng kǒng zuì qián fāng de
龙。它头部长有大型喙状嘴和四对洞孔。最前方的
dòng kǒng shì bí kǒng kě néng bǐ hòu qī jiǎo lóng lèi de bí kǒng hái yào xiǎo yuán
洞孔是鼻孔，可能比后期角龙类的鼻孔还要小。原
jiǎo lóng de tóu bù hòu fāng yǒu yí miàn jù dà de tóu dùn bú guò yǔ qí tā jiǎo
角龙的头部后方有一面巨大的头盾，不过，与其他角
lóng lèi kǒng lóng bù tóng yuán jiǎo lóng de tóu dùn shàng méi yǒu jiǎo
龙类恐龙不同，原角龙的头盾上没有角。

档案揭秘

生存年代：白垩纪晚期

分布区域：中国、蒙古

身　　长：2~3 米

体　　重：300 千克

食　　性：植食

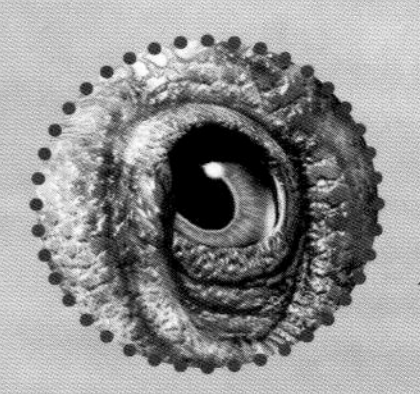

我的眼眶很大，视力也很好。

原角龙嘴部的肌肉发达，咬合力惊人。

原角龙生存在距今 7000 万 ~ 7500 万年前，它是第一种被命名的角龙类恐龙。

我的四肢比较短小，走起路来很慢。

1923 年，美国探险队在蒙古火焰崖地区发现了大量原角龙的骨骼、巢穴、蛋及小恐龙的化石，在当时引起了轰动。

shuāng jiǎo lóng

双角龙

shuāng jiǎo lóng shì jiǎo lóng lèi kǒnglóng de yì zhǒng gēn suǒ yǒu jiǎo lóng lèi kǒnglóng
双角龙是角龙类恐龙的一种，跟所有角龙类恐龙
yí yàng shuāng jiǎo lóng yě shì zhí shí xìngkǒnglóng nián gǔ shēng wù xué jiā
一样，双角龙也是植食性恐龙。1905年，古生物学家
ào sài nèi ěr chá lì sī mǎ shí zài měi guó huái é míngzhōudōng bù de nài è
奥塞内尔·查利斯·马什在美国怀俄明州东部的奈厄
bù lā lè jùn fā xiàn le yí kuàishuāng jiǎo lóng de tóu gǔ huà shí zhè shì xiàn cún
布拉勒郡，发现了一块双角龙的头骨化石，这是现存
wéi yī de shuāng jiǎo lóng huà shí
唯一的双角龙化石。

档案揭秘

生存年代：白垩纪晚期
分布区域：北美洲
身　　长：20米
体　　重：30吨
食　　性：植食

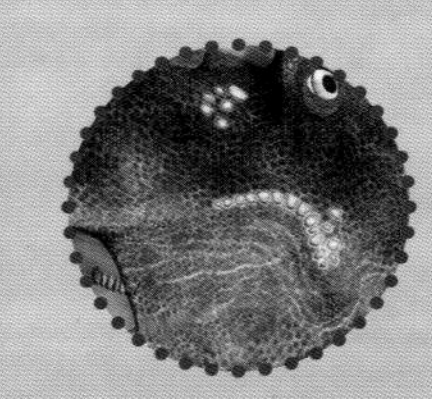

发现了吧？我的头盾上有很大的洞孔。我的头骨比三角龙的大。

与三角龙相比，我的面部比较短。

双角龙生存在距今约7500万年前，它是一种角龙类恐龙。

双角龙前肢的每只爪上都长着四根指。

我的尾巴不但可以支撑身体，还是我的防御武器。

双角龙长着一张锐利的喙状嘴，它们喜欢吃当时的植物，如蕨类苏铁、针叶树等。

wú chǐ yì lóng

无齿翼龙

wú chǐ yì lóng shì yì zhǒng zhǎng xiàng qí tè de yì lóng tā de tóu fēi cháng
无齿翼龙是一种长相奇特的翼龙，它的头非常
dà huì yòu cháng yòu zhí dàn zuǐ lǐ méi yǒu yá chǐ yīn ér zhǐ néng xiàng tí
大，喙又长又直，但嘴里没有牙齿，因而只能像鹈
hú yí yàng tūn shí shí wù ér tā zuì tè shū de yīng gāi shì tóu shàng jù dà de guān
鹕一样吞食食物。而它最特殊的应该是头上巨大的冠
shì zhè ge guān shì xiàng hòu shēn chū jì kě yǐ píng héng tóu bù zhòng liàng yě néng
饰。这个冠饰向后伸出，既可以平衡头部重量，也能
yòng lái qiú ǒu xuàn yào hái néng dàng duò shǐ yòng tiáo zhěng fēi xíng fāng xiàng
用来求偶、炫耀，还能当舵使用，调整飞行方向。

档案揭秘

生存年代：白垩纪晚期

分布区域：欧洲、北美洲

身　　长：7~9 米

体　　重：约 15 千克

食　　性：肉食

无齿翼龙生存在距今约 6500 万年前，因嘴里没有牙齿而得名。

我的翅膀可以扇动，为我提供起飞的动力。

我的脑袋非常大，上面向后伸的冠饰为实心的骨质冠饰。

无齿翼龙的尾巴非常短，看上去就像不存在一样。

无齿翼龙活动范围非常广，从北冰洋一直延伸到墨西哥湾。它们常年聚集在沿海地区，捕食海面附近的鱼类。

豪勇龙
昆卡猎龙
鱼猎龙
古角龙
帝龙
鹦鹉嘴龙
蜥结龙
戟龙
克柔龙

古魔翼龙
尾羽龙
振元翼龙
帝鳄
棱齿龙
小盗龙
阿马加龙

尼日尔龙
禽龙
阿根廷龙
魁纣龙
原角龙
南方巨兽龙
鲨齿龙
波塞东龙

高棘龙
棘龙
恐爪龙
扇冠大天鹅龙
无齿翼龙
赖氏龙
牛角龙
双角龙

图书在版编目(CIP)数据

恐龙来了. 白垩纪. 1/英童书坊编纂中心编. --
长春:吉林出版集团股份有限公司, 2022.8
ISBN 978-7-5731-0894-4

Ⅰ. ①恐… Ⅱ. ①英… Ⅲ. ①恐龙—儿童读物 Ⅳ.
①Q915. 864-49

中国版本图书馆CIP数据核字(2021)第251006号

恐龙来了 白垩纪 1

KONGLONG LAI LE BAI'E JI 1

编：英童书坊编纂中心
责任编辑：孙琳琳
技术编辑：王会莲
封面设计：壹行设计
开 本：787mm×1092mm 1/12
字 数：150千字
印 张：6
版 次：2022年8月第1版
印 次：2022年8月第1次印刷

出 版：吉林出版集团股份有限公司
发 行：吉林出版集团外语教育有限公司
地 址：长春市福祉大路5788号龙腾国际大厦B座7层
电 话：总编办：0431-81629929
数字部：0431-81629937
发行部：0431-81629927 0431-81629921(Fax)
网 址：www.360hours.com
印 刷：吉林省吉广国际广告股份有限公司

ISBN 978-7-5731-0894-4 定 价：28.80元
版权所有 侵权必究
举报电话：0431-81629929